Nicolas A. Ting

Der Gemüseverzehr von Kindern und Jugendlichen

Hintergründe und Strategien

GRIN Verlag

Bibliografische Information der Deutschen Nationalbibliothek:

Die Deutsche Bibliothek verzeichnet diese Publikation in der Deutschen Nationalbibliografie; detaillierte bibliografische Daten sind im Internet über http://dnb.d-nb.de/ abrufbar.

Impressum:

Druck und Bindung: Books on Demand GmbH, Norderstedt Germany
ISBN: 978-3-656-86659-6

Dieses Buch bei GRIN:

http://www.grin.com/de/e-book/286369/der-gemueseverzehr-von-kindern-und-jugendlichen

Strategien zur Steigerung des Gemüseverzehrs bei Kindern und Jugendlichen

Nicolas Ting

HAUSARBEIT

MODUL ERNÄHRUNG VON KINDERN UND JUGENDLICHEN

M.SC. ERNÄHRUNGS- UND LEBENSMITTELWISSENSCHAFTEN

Institut für Ernährungs- und Lebensmittelwissenschaften

Rheinische Friedrich-Wilhelms-Universität Bonn

Inhaltsverzeichnis

Tabellenverzeichnis

1. Einleitung und Ziel der Arbeit

Treffender als Heike Hölling[1] kann man es nicht formulieren: „In jungen Jahren werden Weichen für die gesundheitliche Lage im Erwachsenenalter gestellt." (2014)

Ein adäquater Gemüse- und Obstverzehr entfaltet zusammen mit dem Synergismus vieler biologisch aktiver Substanzen ein Ernährungsmuster, das nachhaltig positive Wirkungen auf die Gesundheit hat (DGE e.V., 2012). In diesem Bezug nehmen viele Lebensbereiche (sog. Settings) wie Familie, Kindertagesstätte und Schule bei der Umsetzung von Verzehrempfehlungen wichtige Schlüsselstellen ein.

Der Status quo des Gemüse- und Obstverzehrs von Kindern und Jugendlichen wurde in der Vergangenheit durch die Kohortenstudien VELS[2] (2002 - 2003) und im EsKiMo[3] der KiGGS[4]-Basiserhebung (2003 - 2006) sowie KIGGS1 (2009 – 2012) erfasst. Sie brachten deutliche Defizite im Gemüseverzehr zu Tage: die meisten Kinder verzehren weniger als 50 % der empfohlenen Gemüsemenge (RKI, 2007) (Mensink, Heseker, et al., 2007). Auch aktuelle Erhebungen wie in KIGGS1 bestätigen diesen Trend: nur rund ein Zehntel der Kinder zwischen 3 und 17 Jahren erreichen die von der DGE e.V. und 5-am-Tag e.V. empfohlene Menge von drei Gemüse- und zwei Obstportionen[5] am Tag (Hölling et al., 2014) (DGE e.V., 2011).

Welche Rolle hierbei das Ernährungsangebot in Erziehungseinrichtungen spielt, kann eine aktuelle repräsentative Studie der Bertelsmann-Stiftung nur andeuten: 54% der untersuchten Kindertagesstätten bieten täglich Gemüse zum Mittagessen an. Nur 19% boten mindestens acht Mal in zwanzig Tagen Gemüse als Salat oder Rohkost an. Welche Möglichkeiten und Ansätze gibt es, um diesem Missstand zu entgegnen und den Gemüsekonsum bei Kindern und Jugendlichen nachhaltig zu steigern? Die vorliegende Arbeit hat zum Ziel den Gesundheitswert von Gemüse auf Grundlage der aktuellen wissenschaftlichen Meinung herauszustellen und wissenschafts- und projektbezogene Strategieansätze zur Steigerung des

---

[1] Projektleiterin am Robert Koch-Institut für KIGGS1

[2] Verzehrsstudie zur Ermittlung der Lebensmittelaufnahme von Säuglingen und Kleinkindern

[3] Ernährungsstudie als KIGGS-Modul

[4] Kinder- und Jugendgesundheitssurvey

[5] je einer alterstypischen Handvoll

Gemüseverzehrs bei Kindern und Jugendlichen abzubilden, kritisch zu diskutieren und in Form von möglichen Handlungsempfehlungen zusammenzufassen.

2. Hintergründe

Warum der Verzehr von Gemüse unverzichtbar ist

Die gesundheitserhaltende bzw.- fördernde und präventive Funktion von Gemüse basiert primär auf nutritive, antinutritive und synergistischen Effekte der Lebensmittelinhaltsstoffe. Generell bestehen die Vorteile von Gemüse in der geringen Energiedichte, dem Fehlen an Cholesterol und dem geringen Fettgehalt sowie dem hohen Gehalt an essentiellen Nährstoffen wie Vitamine und Mineralstoffe. Zudem sind sie reich an sekundären Pflanzenstoffen und Ballaststoffen (DGE e.V., 2011). Des Weiteren ist Gemüse für Kinder und Jugendliche ein wichtiger Bestandteil in der Ernährungsbildung bzw. Ernährungserziehung sowie in der Wahrnehmung ihrer Umwelt.

2.1. Nutritive Effekte

Gemüse zeigt einen klaren Vorteil in der günstigen, weil hohen Nährstoffdichte[6].

Beim Vergleich des Brennwertes in Kilokalorien pro 100 g Lebensmittel stehen das Gemüse mit 40 kcal (± 57 kcal) dem Obst mit 65 kcal (± 52 kcal) gegenüber. Der Gemüseanteil ohne Hülsenfrüchte hat im Mittel nur 25 kcal (± 20 kcal). [7]

Gemessen an der geringen Energiezufuhr durch diese Lebensmittelgruppe, leistet sie bei Kindern und Jugendlichen einen sehr guten Beitrag zur Zufuhr essentieller Nährstoffe wie Vitamin A, Vitamin C, Vitamin B6, Calcium Magnesium sowie Retinoläquivalente, β-Carotin und Folate (Kersting, 2012) (Mensink et al., 2007, S.99ff) (DGE e.V., 2011). Diese Inhaltsstoffe haben im Organismus unentbehrliche biochemische, strukturbildende, katalytische und regulatorische Funktionen. Sie gewährleisten eine adäquate Funktion von Organen und sind unverzichtbar für viele Wachstums- und Stoffwechselprozesse sowie das Immunsystem (Rehner & Daniel, 2010, S.235ff) (Biesalski, 2010, S. 133ff) (van de Pavert et al., 2014). (Haller &

[6] Verhältnis von Nährstoffgehalt in g/100g LM zum Brennwert pro 100g LM (Biesalski & Grimm, 2007, S.4)

[7] eigene Erhebung anhand 48 Obst- und 54 Gemüsesorten auf Grundlage von Elmadfa, Aign, Muskat, & Fritzsche (2011)

Hörmannsperger, 2013, S.73f). In Bezug auf die neuronale Entwicklung eines Menschen betonen De Jager & Kovatcheva (2010) sowie Benton (2010) eine ausreichende Versorgung u.a. mit Mikronährstoffen in der Schwangerschaft und den ersten beiden Lebensjahren, weil dadurch v.a. die neuronale Entwicklung positiv beeinflusst wird und somit die kognitiven Fähigkeiten im Erwachsenalter optimiert werden können.

5% bis 7% der täglichen Wasserzufuhr bei Kindern und Jugendlichen stammt laut EsKiMo aus dem Gemüseverzehr (Mensink, Heseker, et al., 2007).[8] Montenegro-Bethancourt, Johner & Remer (2013) konnten anhand von laborchemischen Untersuchungen und genauen Verzehrdaten der DONALD-Kohorte nachweisen, dass mehr Früchte und Gemüse zu einer besseren Flüssigkeitsversorgung beitragen. Wasser dient generell der Aufrechterhaltung der Stoffwechselhomöostase, als Transportmittel und ist ein unverzichtbarer Anteil der Zellintegrität (Rehner & Daniel, 2010, S.264).

2.2. Antinutritive & synergistische Effekte: Prävention

Die Prävention chronischer Krankheiten wie die koronare Herzerkrankung, der Schlaganfall und die Hypertonie durch Erhöhung des Gemüse- und Obstverzehrs sehen Boeing et al. (2012, S.35) aufgrund überzeugender Evidenzen als bewiesen. Einen marginalen, aber statistisch signifikanten blutdrucksenkenden Effekt bei normotensiven Kindern und Jugendlichen konnten Shi, Krupp & Remer (2014) durch erhöhten Gemüse- wie auch Obstverzehr nachweisen. Potenziell beugt dies langfristig die Entstehung eines Bluthochdruckes vor. Oyebode et al. (2014) konnten auf Basis des *Health Surveys for England* eine signifikante Assoziationen zwischen einem Anstieg des Gemüseverzehrs und einem reduzierteren Gesamtmortalitätsrisiko, als bei Obst, feststellen. Nur der Gemüseverzehr war signifikant mit einem reduzierten Sterberisiko aufgrund Herzkreislauf- oder Krebserkrankungen verbunden. Die Prävention von Krebserkrankungen durch einen erhöhten Konsum bewerten Boeing et al. (2012, S.3) in Zusammenhang mit den Publikationen des WCRF[9] (2007) als wahrscheinlich. In verschiedenen Arbeiten

---

[8] zusammen mit dem Obstverzehr sind dies 1/6 der täglichen Wassereinnahme

[9] World Cancer Research Fund

wurde die in *Brassica*-Gemüsesorten[10] vorkommenden sekundären Pflanzenstoffe, den Senfölglycosiden (Glucosinolate), eine potenziell chemo-präventive Wirkung nachgewiesen (Haller, Grune, & Rimbach, 2013, S.227ff).

Tabelle 3 und 4 (siehe Anhang, S.20f) fassen die wichtigsten potenziellen Wirkmechanismen von anti-oxidativen Vitaminen, Polyphenolen, Glucosinolaten wie auch der Ballaststoffe übersichtlich zusammen.

In Bezug auf Ballaststoffe ist Gemüse neben Obst ein unverzichtbarer Lieferant. Ballaststoffreiche Lebensmittel, wie Gemüse, sättigen schneller und anhaltender(Biesalski & Grimm, 2007, S.78). Aus dem Abschlussbericht der NVS II ist zu entnehmen, dass zwischen 17% und 20% der zugeführten Ballaststoffe vom Gemüse (MRI (Hrsg.), 2008, S.96) stammen. Bei der Prävention wie auch der Therapie der kindlichen Obstipation spielen Ballaststoffe aus Gemüse eine wichtige Rolle und stehen im inversen Zusammenhang (Wu et al., 2011) (Blackmer & Farrington, 2010).

In einer Follow-up-Studie der IDEFICS[11]-Kohorte hatten Kinder mit dem höchsten Verzehr an Gemüse und Vollkornprodukten ein 21% niedrigeres Risiko Übergewicht oder Adipositas zu entwickeln (Pala et al., 2013). Auf Basis ihrer Querschnittsstudie über Latino-Kinder zwischen 8 und 18 Jahren assoziieren Cook et al. (2014) den Verzehr von nicht-stärkehaltigem Gemüse mit einer geringeren Leberfetteinlagerung. Des Weiteren konnte ein Zusammenhang zwischen dem Verzehr von dunkelgrünem und hell orange/gelbem Gemüse und geringerem Viszeralfett und einer verbesserten Insulinsensitivität hergestellt werden. Dies sind starke Hinweise für einen risikosenkenden und präventiven Effekt von Gemüse auf metabolische Erkrankungen. Dieser Zusammenhang konnten bei Erwachsenen nicht bestätigt werden (Hauner et al., 2012).

2.3. Pädagogische & ökologische Aspekte

Gemüse trägt in verschiedenen Zubereitungsarten im Rahmen der Gesundheits- und Ernährungsbildung von Kindern besonders dazu bei, dass durch die Farb- und

---

[10] Pflanzengattung Kohl (http://www.brassica.info/info/publications/guidewild/Guide_ed3_Part%20I_16July2009.pdf)

[11] Identification and prevention of Dietary - and lifestyle-induced health Effects In Children and infantS (2007 -2008; gefördetes Projekt der Europäischen Kommission)

Formvielfalt, die Konsistenz sowie die Fülle an Geschmacks- und Geruchskomponenten alle Sinne angesprochen werden und der gesundheitsfördernde Wert spielerisch erleb- und erlernbar gemacht werden kann. Zusätzlich werden andere Entwicklungsfelder wie Körper, Sprache, Denken, Gefühl, Mitgefühl und Sinngebung gefördert. Die Sensibilisierung und die Wissensaneignung Gemüse betreffend, machen Kinder handlungsfähig bezüglich der Auswahl ihres Essens und befähigen sie gesundheitsbewusst zu leben. (MLR BaWü, aid infodienst e.V. (Hrsg.), 2011, S.29ff). Im Schulbereich leistet die Ernährungsbildung durch die Förderung vielfältiger Kompetenzen der Schülerinnen und Schüler einen Beitrag zur „Health Literacy“[12] (Straka et al., 2010) (Schlegel-Matthies, 2005). Der regelmäßige Umgang mit Gemüse (wie auch mit Obst) in Bildungsbereichen fördert überdies das Verständnis von Natur, Herkunft und Vertrieb von Lebensmitteln, Ressourcenkreisläufen, Artenvielfalt, Regionalität und Land(wirt)schaft in Hinblick auf eine ganzheitliche und nachhaltige Ernährung (Bartsch et al., 2013) (Fischer, 2008).

Ernährungsverhalten und Nahrungspräferenzen von Kindern und Jugendlichen

Das kindliche Essverhalten wird durch biologische und pädagogische Steuerungsmechanismen beeinflusst. Pränatal liegen bereits genetische Präferenzen vor. Weitere Geschmacksprägungen entstehen durch das Essverhalten der Mutter. Die sozio-kulturellen Rahmenbedingungen spielen im zwischenmenschlichen Kontext eine pränatal wie postnatal prägende Rolle. (Ellrott, 2012, S.44f).

Für die genetischen, angeborenen Präferenzen sprechen die Vorliebe für „süß“ und die Abneigung gegen „bitter“. Die Geschmackspräferenz „süß“ ist im Hirnstamm verankert und dient als Signal schnell abrufbarer Energie, was einen Überlebensvorteil darstellt und z.B. im Fall der leicht süßen Muttermilch Sinn macht. Die Aversion gegen „bitter“ ist aus evolutionsbiologischer Sicht sinnvoll, da viele Giftstoffe bitter schmecken (Ellrott, 2012, S.45f). Etliche Gemüsesorten enthalten Bitterstoffe, v.a. im Rohzustand. Zu nennen sind bspw. Artischocken (Cynarin), Auberginen (Solanin), Blattsalate (Lactucin), roter Chicorée und Radicchio (Intybine) (aid infodienst e.V. (Hrsg.), 2009).

---

[12] nach Sass/Schröder als Gesundheitsmündigkeit zu verstehen (http://www.ruhr-uni-bochum.de/healthliteracy/about.htm)

Ab der Geburt stehen bezüglich des Essverhaltens vorerst evolutionsbiologische Steuerungsprogramme und innere Reize wie Hunger und Sättigung im Vordergrund. Der *mere exposure effect* als gewohnheitsbildendes „Hineinschmecken" und die *spezifisch-sensorische Sättigung* als zunehmende Abneigung gegen sich ständig wiederholende Geschmacksqualität haben zur Aufgabe, die Lebensmittelauswahl maximal zu sichern und das Risiko einer Mangelversorgung zu minimieren. Dies führt langfristig zu einer ausgewogenen Kost.

Jedoch entsteht bei Kleinkindern von etwa 12 Monaten verstärkt eine Lebensmittel-Neophobie, die in der Regel im Alter von 2 bis 6 Jahren gipfelt. Diese Neophobie wird durch die Ablehnung von neuen und ungewohnten Lebensmitteln sowie Lebensmittel, die zuvor Gefallen gefunden haben, gekennzeichnet (Birch, McPhee, Shoba, Pirok, & Steinberg, 1987).

Im Laufe des Kindseins beeinflussen Lernprozesse, Außenreize, kulturelle Gegebenheiten, Ernährungserziehung bis hin zum gezügelten Essverhalten im Schulalter maßgeblich das Ernährungsverhalten. Lernprozesse wie Esskultur, Imitationslernen und operantes Konditionieren setzen neue Reize bezüglich der Lebensmittelauswahl und der Ausbildung von Geschmacksvorlieben bei Kleinkindern und Vorschulkindern (Ellrott, 2012, S.47ff) (Barlösius, 2011, S.33ff).

Bei Schulkindern und Jugendlichen entstehen Außenreize größtenteils durch die Peergroup, aber auch der Unterricht und das Essensangebot in der Schule sowie Werbung in visuellen Medien setzen Impulse zur Lebensmittelauswahl. Sie messen der eigenen Figur aufgrund der Selbstbewertung, Anerkennung und Integration in der Peergroup mit steigendem Alter eine immer höhere Bedeutung bei, was das Essverhalten meist restriktiv beeinflusst (Ellrott, 2012, S.53ff) (Fries & aid infodienst e.V. (Hrsg.), 2009).

2.4. Verzehrempfehlungen und Verzehrerhebungen

Zur Aufrechterhaltung aller zuvor beschriebenen positiven und gesundheitsfördernden Eigenschaften von Gemüse wurden für Kinder und Jugendliche die in Tabelle 1 (S.9) ausgewiesenen Verzehrmengen durch das Forschungsinstitut für Kinderernährung in Dortmund im Rahmen einer Optimierten Mischkost (OptiMix®; OMK) empfohlen.

Tabelle 1: altersgemäße Verzehrmengen von Gemüse in der Optimierten Mischkost (OMK)

Alter (Jahre)	1	2-3	4-6	7-9	10-12	13-14	ved18
Gemüse Soll (g/Tag)	120	150	200	220	250	w: 260 m: 300	w: 300 m: 350

Quelle: modifiziert nach Alexy (2012, S.118); Legende: w=weiblich;m=männlich

Die Ernährungskampagne „5 am Tag"[13] propagiert u.a. drei Händevoll Gemüse pro Tag. Durch das einfache Maß der Hand gelingt eine Anpassung an die individuellen Bedürfnisse und eine einprägsame Essensregel (Lauxen, n.d.).

Den Empfehlungen stehen die ernüchternden Ergebnisse aus nationalen und europaweiten Ernährungserhebungen gegenüber. Kaum eine Altersstufe erreicht die empfohlene Verzehrmenge an Gemüse. Der Übersicht halber werden die wichtigsten Ergebnisse der einzelnen Erhebungen stichpunktartig dargestellt:

DONALD[14]-Studie: offene Langzeit-Kohorten-Studie

1985 - 2010; 1394 Teilnehmer; Alter: 3 Monate bis 19 bzw. 22 Jahre

Ergebnis: der durchschnittliche Gemüseverzehrmenge von Vorschulkindern liegt zwischen 70 und 80 g pro Tag (1990-2000) (FKE, 2008),

Die Gemüseverzehrsmengen liegen bei der DONALD-Studie ebenfalls in allen Altersgruppen deutlich unter 50% der Empfehlungen. (Rabenberg & Mensink, 2011)

VELS (2002-2003); Alter: 6 Monate – unter 5 Jahre)

Unter einem Jahr bei 13 bzw. 10 g pro Tag, zwischen 1 bis einschließlich 4 Jahre zwischen 40 und 60 g. (Kersting, Clausen, & Heseker, 2003, S.31)

EsKiMo (2003 -2006; Alter: 6-17 Jahre)

---

[13] eingetragener gemeinnütziger Verein mit Mitgliedern aus wissenschaftlichen Fachgesellschaften; finanziell gefördert durch EU; http://www.machmit-5amtag.de/index.php?id=5amtag_faq

[14] Dortmund Nutritional and Anthropometric Longitudinally Designed Study

Annähernd ein Drittel der Jungen und Mädchen zwischen 6 und 11 Jahren nehmen weniger als 50% der empfohlenen Gemüsemenge (=105-125 g) am Tag zu sich. Bei den 12-17 Jährigen nehmen 48% der Jungen und 32% der Mädchen weniger als die Hälfte der empfohlenen Gemüsemenge (= 125-175g) zu sich. (Mensink et al., 2007, S.124) (Mensink, Richter, Kleiser, 2007) (Alexy, 2012, S.118)

KIGGS1 (2009 -2012; Alter: 3 – 17 Jahre)

Ca. 40 -50% der Kinder und Jugendlichen nehmen weniger als 2 Portionen Obst und Gemüse zu sich. Signifikante Unterschiede sind bei den 11 bis 17 Jährigen innerhalb der verschiedenen Familienformen zu beobachten. Bei Kernfamilien sind es ca 50%, bei Stieffamilien ca. 60% der Jugendlichen, die weniger als 2 Portionen zu sich nehmen. (Rattay, von der Lippe, Lampert, KiGGS Study Group, 2014)

GRETA[15] (2008; 10 – 36 Monate; > 600 Kleinkinder)

Im Mittel erreichten nur ca. 60% der Jungen und 70% der Mädchen die empfohlene Tagesmenge an Gemüse. (Hilbig, Alexy, Drossard, & Kersting, 2011) (Hilbig, 2012a)

IDEFICS (2007 – 2008; Alter: 2 – 9 Jahre, 14.989 Teilnehmer, ca. 2000 aus D)

Die Teilnehmer nahmen im Durchschnitt 8,4 Portionen Gemüse (gekocht/roh) in der Woche zu sich, was einer Tagesmenge von unter 2 Portionen entspricht. (Pala et al., 2013)

[15] German Representative Study of Toddler Alimentation

HELENA[16] (2005 – 2008; 1593 Heranwachsende, 12-17 Jahre)

Im europäischen Vergleich erreichen nur 30% der Jungen bzw. 35% der Mädchen die nach der OMK empfohlenen Gemüsemenge. (Diethelm et al., 2012)

3. Methodik der Strategiesuche

Die Literatur- und Projektrecherche bezüglich der Strategiethematik erfolgte in deutsch- und englischsprachigen, vorwiegend wissenschaftsbasierten Datenbankportalen und Suchmaschinen nach folgenden Schlüsselbegriffen:

Gemüse (vegetables)

Verzehr, Ernährung (diet, (food) consumption, (food) intake, food frequency)

Kinder, Kleinkinder, Säuglinge, Jugendliche (children, toddler, adolescent)

Strategie (strategy)

Ernährungsmuster (dietary pattern)

Die oben aufgeführten Begriffe wurden in den digitalen Portalen ScieneDirect[17], PubMed[18], WoKinfo[19], Google Scholar[20] und ReserachGate[21] eingegeben. Des Weiteren wurden im Suchportal der ULB Universität Bonn (Bonnus), auf der BMEL-Webseite zur gesunden Ernährung[22], in der Projektdatenbank der InForm[23]-

---

[16] Healthy Lifestyle in Europe by Nutrition in Adolescence

[17] http://www.sciencedirect.com

[18] http://www.ncbi.nlm.nih.gov/pubmed/

[19] http://wokinfo.com

[20] http://scholar.google.de

[21] https://www.researchgate.net

[22] http://www.bmel.de/DE/Ernaehrung/GesundeErnaehrung/GesundeErnaehrung_node.html

[23] Deutschlands Initiative für gesunde Ernährung und mehr Bewegung
http://bit.ly/inform_projektdatenbank

Webseite sowie im Internetprotal zur Ernährungs- und Verbraucherbildung[24] und des aid-Infodienst[25] recherchiert. Zudem wurden Printmedien aus der Universitäts- und Landesbibliothek Bonn und aus dem eigenen Fundus verwendet. In der InForm-Projektdatenbank konnten anhand der Filtereinstellungen „Prävention“ (Schwerpunkt), „Ernährung“ und „Lebensmittel“ (Hauptthema) und „Kinder“ und „Jugendliche“ (Zielgruppe) die Suche nach Gemüse-bezogenen Projekten aus dem bestehenden Pool (67 Projekte) zentriert werden. Des Weiteren wurde der Projektpool der Plattform Ernährung und Bewegung e.V. (peb) analysiert.

4. Ergebnisse der Strategiesuche

Grundsätzlich lassen sich die vorliegenden forschungsbezogenen und projektbezogenen Ansätze den übergeordneten Strategien der Verhältnis- und Verhaltensprävention zuteilen. Die Verhältnisprävention bezieht sich hierbei auf die Forschung und die Gemeinschaftsverpflegung, die Verhaltensprävention auf die Wissensvermittlung an Multiplikatoren und Familien (FKE, n.d.) (DGE e.V. (Hrsg.), 2011, S.29). Nachfolgend werden die wissenschaftlichen Erkenntnisse der Übersicht halber tabellarisch dargestellt, unterteilt in die umgebenden Lebensbereiche (Settings) der Kinder und Jugendlichen. Die Recherchen zu den bestehenden Projekten (siehe Anhang, S.22) erfolgte, um diese anhand neuer Forschungsansätze zu evaluieren und ergänzende Handlungsempfehlungen sowie Optimierungsbedarfe zu diskutieren.

Tabelle 2: Synopse der forschungsbezogenen Literatur zu Gemüseverzehrstrategien

Legende: IT = Interventionsstudie; RCT = kontrollierte, randomisierte IT; RT = randomisierte IT; CT = kontrollierte IT

Ansatz (A) & Zielgruppe (ZG)	**Strategie/Intervention & Quellen**
Setting Familie	
A: Tipps und Anregungen zu Ernährung in der Schwangerschaft	pränatale & postnatale Prägung: Bildung von individuellen Geschmackspräferenzen im Mutterleib & beim Stillen:

[24] http://www.ernaehrung-und-verbraucherbildung.de

[25] http://www.aid.de/ernaehrung/lebensphasen.php

Ansatz (A) & Zielgruppe (ZG)	Strategie/Intervention & Quellen
& Säuglingsernährung **ZG:** Eltern	vielfältige & gemüsereiche Lebensmittelwahl der Mutter stufenweise und altersgerechte Einführung in B(r)eikost mit Gemüse (Geschmacksbildung) *Hilbig (2012b); Ellrott (2012, S.46) -> Verzehrsstudie; Fachliteratur*
A:Kleinkindernährung (1-3 Jahre) **ZG:** Eltern	Einführung in Familienkost: zu jeder Mahlzeit Obst oder Gemüse in mundgerechte Stücke; Sinnesbildung (Farbe, Geschmack, Textur) *Gätjen (2011) ->Verbraucherliteratur*
A: Ernährungsbildung der Mutter während SwS;	Anleitung und Bildungsangebote zur ausgewogenen Säuglings- und Kleinkinderernährung unter Beachtung der psycho-sozialen, ökonomischen und umweltbezogenen Bedingungen; *Hoffhines et al. (2014) -> Querschnittsstudie*
A: altersentsprechende Verzehrsmengen **ZG:** Eltern / ErzieherInnen / Kinder & Jugendliche	reichlich Gemüse: täglich mehrmals (3x) in gekochter und roher Form; zu jedem Mittagessen; Optimierte Mischkost (OptiMix®) *Alexy (2012); FKE (2008); Kersting, Alexy, & Clausen (2005) -> Fachliteratur*
Setting Familie	
A: Angebot und Vielfalt steigern in ersten 3 Lebensjahren ZG: Eltern/Kleinkinder	Kindern zw. 6 und 12 Monaten größtmögliche Vielfalt und regelmäßig Gemüse in Form von Breien anbieten; Gemüseverzehr der Mutter verstärkt Effekt; *Ahern et al. (2013) -> Querschnittsstudie*
A: "familiarity effect"	Steigerung der täglichen heimischen Exposition von (neuen) Gemüsesorten; Ahrens (2012) -> Kohortenstudie
A: Fütterungspraxis ZG: Eltern / 2-4 Jährige	Einführung neuer Gemüsesorten durch Fütterungsangebot in Sicht und Nasenhöhe ; *Blissett (2011); Blissett & Fogel (2013) -> Review*
A: Verbesserung der heimischen Ernährungsumgebung /Imitationslernen ZG: Eltern / Vorschulkinder	Eltern als Vorbilder des Gemüsekonsums; Gemüsekonsum zu jederzeit ermöglichen; Gemüse stets sichtbar und erreichbar *Wyse, Campbell, Nathan, & Wolfenden, (2011); Blissett & Fogel (2013) -> Querschnittsstudie ; Review*
A: Gemüseverzehr & Belohnung	Verzehr von unbeliebten Gemüsesorten mit materiellem Anreiz koppeln (Sticker als Belohnung);

Ansatz (A) & Zielgruppe (ZG)	**Strategie/Intervention** **& Quellen**
ZG: 3 bis 4 Jährige	*Remington, Añez, Croker, Wardle, & Cooke (2012) -> RCT*
A: Essensauswahl & Kinderwünsche **ZG:** Eltern v. 2-5 Jährigen	Eltern motivieren mehr Gemüse aus Gesundheits- und Umweltaspekten zu kaufen & Kinderwünsche zu differenzieren *Russell, Worsley, & Liem, (2014) ->Querschnittsstudie*
A: Partizipation **ZG:** 6-10 Jährige & Eltern	Kinder in Essenszubereitung involvieren *van der Horst, Ferrage, & Rytz (2014) -> RCT*
Setting Kindertagesstätte/Kinderbetreuung	
A: Neophobie vor Wurzelgemüse bei unter 5-Jährigen überwinden	Kindern regelmäßig Wurzelgemüse in Form von Breien anbieten (bei unter 2-Jährigen wirksamer) *Ahern, Caton, Blundell & Hetherington (2014) -> IT*
A: Überwindung der Neophobie **ZG:** 3 - 6 Jährige	sehr kleinen Gemüseportionen in gedämpfter Form inklusive Dips: 2xWoche über 4 Wochen *Anzman-Frasca, Savage, Marini, Fisher, & Birch (2012) -> IT*
A: Steigerung der Gemüseakzeptanz **ZG:** 3-5 Jährige	Gemüserohkost mit fettarmer Kräuterdips mind. 6x anbieten *Savage, Peterson, Marini, Bordi, & Birch (2013) -> CT*
Setting Kindertagesstätte/Kinderbetreuung	
A: Effekt einer Vorspeise **ZG:** 3-5 Jährige	150g energiearme Gemüsesuppe als Vorspeise anbieten *Spill, Birch, Roe, & Rolls, (2011) -> IT im Cross-over-Design*
A: wiederholte Exposition von neuer Gemüsekomponente **ZG:** 9-48 Monate alte Kinder	5-maliges Anbieten von Gemüsepüree im 1. Lebensjahr (dezent gesüßt und ohne Fettzugabe) *Caton et al. (2013); Caton et al. (2014) -> RT* *de Wild, de Graaf, & Jager (2014) -> RCT*
A: wiederholte Exposition von neuer Gemüsekomponente **ZG:** 9-48 Monate alte Kinder	rote Beete und Pastinake als Chips mit Dip Caton et al. (2013); Caton et al. (2014) -> RT
	Belohnung des Gemüsekonsums durch Zuwendung oder

Ansatz (A) & Zielgruppe (ZG)	Strategie/Intervention & Quellen
A: Konditioniertes Lernen **ZG:** 4-6 Jährige	Non-Food-Artikel (Sticker) *de Wild, de Graaf, & Jager (2014) -> RCT* *Cooke et al. (2011) -> RCT*
A: Zwischenmahlzeiten **ZG**: alle KiTa-Kinder	Gemüse-Rohkost vermehrt als Snack anbieten *Correia, O'Connell, Irwin, & Henderson, (2014) -> RT*
A: Zubereitungsarten **ZG:** 4-5 Jährige	Tomaten & Fenchel: roh Spinat: überbacken; Karotten, Chicorée & Zucchini alle 3 Zubereitungsarten geschmackssensible Kinder: Fokus auf Farberhaltung und Süße (z.B. rohe rote Paprika, Karotten) *Donadini, Fumi, & Porretta (2012) -> Beobachtungsstudie/RT*
A: Portionsgrößen **ZG:** 4-6 Jährige	Gemüseportionen vergrößern und bei „schlechten" Gemüse-Essern & mit zusätzlichen Strategien verbinden *Mathias et al. (2012) -> IT*
A: Peer Modeling **ZG:** 3 – 6 Jährige	„Gemüse-Esser" neben „Nicht-Gemüse-Esser" setzen *O'Connell, Henderson, Luedicke, & Schwartz, (2012) -> RCT*
A: Status der Gemüseauswahl **ZG:** 4-6 Jährige	Kinder Auswahl mehrerer Gemüsesorten vor dem oder während der Mahlzeit überlassen *Rohlfs Domínguez et al., 2013) -> RCT*
Setting Schule	
A: GV in Grundschule **ZG:** 9-10 Jährige mit niedrigem SES	wiederholtes Gemüseangebot in Cafeteria der Grundschulen *Lakkakula, Geaghan, Zanovec, Pierce, & Tuuri (2010) -> Kohortenstudie*
A: GV modifizieren in weiterführenden Schulen **ZG:** 10-14 Jährige	Gemüseangebot (Rohkost) mit schmackhaften Dips anbieten *Johnston et al. (2011) -> RCT*
Setting Schule	
A: implizite Gesundheit	Geschmack und Genuss fördern durch Förderung eigener

Ansatz (A) & Zielgruppe (ZG)	**Strategie/Intervention & Quellen**
ZG: unspezifisch	Aktivitäten und Partizipation z.B. Gemüse zubereiten, Besuch auf dem Bauernhof, Markt *Ellrott (2012, S.56); Fries & aid infodienst e.V. (Hrsg.) (2009, S.18); Fachliteratur*
A: Neophobie überwinden / positive Verstärkung **ZG**: 6-9 Jährige	Obst & Gemüse zusammen als Morgen-Zwischenmahlzeit in Verbindung mit Peer-Modeling (Video/Briefe) und Belohnung (Non-Food-Artikel) *Laureati, Bergamaschi, & Pagliarini (2014) -> RCT*
A: Verfügbarkeit ZG: Grund-/Förderschüler & Eltern	häufigeres Angebot im Elternhaus, Frühstücksbox und Schule *Mittmann, Austel, & Ellrott (2014) -> Querschnittsstudie*
A: Präsentationsart **ZG:** 9-12 Jährige	Gemüse geschnitten, ansprechende Formen (Sterne) oder Originalform, größere und selbst-bestimmte Auswahl, dauerndes Angebot in Verbindung mit Obst *Olsen, Ritz, Kramer, & Møller (2012) -> IT*
A: Neugier steigern durch Anregung der Fantasie **ZG:** Grundschüler	Gemüsekomponenten lustige, ansprechende oder attraktive „Namen“ geben *Wansink, Just, Payne, & Klinger (2012) & Wansink, van Ittersum, & Painter (2005) -> CT*
Setting Peergroup/Freizeit	
A: Ernährungsbildung; Ernährungswissen erweitern über bildungspsychologischen Multimedia-Einsatz **ZG:** 8-12 Jährige	Einsatz von gemüseassoziierten Video-Spielen bei 9-12 Jährigen („Food Dudes“); 8-Wo-Internet-Kurse in Kombination mit vorgelagertem Ferienlager-Angeboten rund ums Thema Gemüse & Obst bei 8-Jährigen *Baranowski, Diep, & Baranowski (2013) &* *Wengreen, Madden, Aguilar, Smits, & Jones, (2013) -> Pilot-IT*
A: sozial-kognitive Lerntheorie; Erfahrungslernen **ZG:** 8-11 Jährige	Garten-Projekt während Sommerferien (2x Woche für 20-30 min); *Heim, Stang, & Ireland, (2009) -> Pilot-IT*

5. Diskussion

Die empfohlene Verzehrsmenge von Gemüse wird fast in allen Altersgruppen von Kindern und Jugendlichen nicht erreicht. Dennoch ist eine leichte ansteigende Tendenz in den letzten Jahren zu beobachten (Rabenberg & Mensink, 2011). Der Verzehr von Gemüse durch Vorbilder, wie z.B. Eltern oder ErzieherInnen, und die wiederholte Exposition dieser Lebensmittel in den ersten Lebensjahren scheinen die wichtigsten Trigger für eine gesundheitlich nachhaltige Ernährungsweise zu sein (Ellrott, 2012, S.51ff). Bereits die ersten 12 - 24 Lebensmonate setzen die Weichen für ein lebenslanges Gemüseverzehrsmuster (Kersting et al. 2003). Wie stark der Effekt der heimischen Exposition mit gesunden Lebensmitteln wie Gemüse ist, zeigte eindrucksvoll die IDEFICS-Studie, deren Autoren einen stark signifikanten Zusammenhang mit der gesunden Ernährungsweise von Kindern daraus ableiten. Das Setting „Familie" und vorrangig die Mutter spielen eine herausragende Rolle in der Ernährungsbiographie der Kinder, unabhängig vom sozio-ökonomischen Status, dem Geschlecht, dem Alter und der Herkunft (Hilbig, 2012a) (Hoffhines et al., 2014) (Ahern et al., 2013) (Ahrens, 2012, S.38). Diese Tatsachen erklären den bestehenden Fokus der Forschung auf die ersten Lebensjahre der Kinder, wie durch die Recherchen gezeigt werden konnte. Von 31 Studien wurden 22 zu den Settings „Familie" und „Kindertagesstätte" gefunden, darunter 14 experimentelle Studien sowie eine narrative und eine systematische Übersichtsarbeit. Dies unterstreicht die hochgradige Evidenz der Ergebnisse. Die Mehrzahl dieser Studien fand in Kindertagesstätten statt, was wiederum die Bedeutung dieses Settings bei stetig steigender Nachfrage und die Bedeutung der ernährungspädagogischen Ausbildung des Personals widerspiegelt (Spiegel Online, 2014). Ein Vorteil dieses Settings ist die Homogenität und Erreichbarkeit der Kohorte und die vereinfachten Umsetzungsmöglichkeiten durch bestehende Abläufe beim Essen. Bestehende Projekte in Kindertagesstätten zeigen, dass die Verbesserung der Lebensmittelauswahl, v.a. hin zu einem gesteigerten vegetabilen Kostangebot, im Fokus steht. Hier sollte ebenfalls verstärkt auf die Ernährungskompetenzbildung der ErzieherInnen, die als „lebende" Beispiele für die Kinder gelten, hingewiesen werden. Darüber hinaus sollten Anstrengungen in Richtung einer gesetzlichen Regelung der Gemeinschaftsverpflegungsqualität, gerade im Hinblick auf das Gemüseangebot verfolgt werden. Noch immer müssen empfohlene Qualitätsstandard zur gesundheitsfördernden Ernährung in Kindertagesstätten nicht zwingend umgesetzt werden.

In der Gesamtschau der Ergebnisse bekräftigt dies aber den erhöhten Bedarf adäquater, gesamtgesellschaftlich orientierter Aktionen in Form von Familienprojekten, um den Gemüseverzehr bei Kindern zu steigern und die Ernährungsumgebung optimal zu gestalten. Auch in den Lebensphasen bis zu Einschulung wurden wirkungsvolle Strategien und Ansätze getestet, um z.B. dem Problem der Neophobie wirkungsvoll entgegenzutreten. Dies kann auf den familiären Lebensbereich extrapoliert werden. Öffentlich geförderte Projekte zur Elternaufklärung über den gesundheitsfördernden Gemüsekonsum sind zwar nur im Rahmen einer ganzheitlichen Ernährungsaufklärung der Familie sinnvoll, müssen aber über das einzige Familienprojekt der InForm-Initiative (*Gesund ins Leben – Netzwerk Junge Familie)* hinaus zwingend ausgeweitet werden. Die Förderung der Familie zur gesundheitsbewussten Ernährung hat im Zuge der zunehmenden Veränderung des Familienbildes eine große Bedeutung. Die Familienform (Kernfamilie, Stieffamilie, alleinerziehend) steht unter anderem im Zusammenhang mit einem höheren Risiko für einen geringen Obst- und Gemüseverzehr (Rattay et al., 2014). Sogenannte Ernährungsscouts könnten durch eine Mensch-zu-Mensch-Interaktion in Familien praktische Tipps in der heimischen Ernährungsumgebung nachhaltig vermitteln. Bereits bestehende landesübergreifende Organisationen wie *BeKi* wie Baden-Württemberg und der Landfrauenverband könnten diesbezüglich wirkungsvoll in etablierten Netzwerken agieren. Auch könnten Projekte wie *GartenKinder* nicht nur ErzieherInnen als Multiplikatoren ansprechen, sondern auch Eltern animieren, einen eigenen Garten zu bewirtschaften. Im Zuge der „Urban Gardening"-Bewegung[26] wäre dies z.B. eine sinnvolle Motivationshilfe in Ballungsgebieten. Auch die Einbindung von Elterninitiativen, Tagesmüttervereinen bzw.- Verbänden, Familienzentren in zukünftige Kampagnen ist sinnvoll.

Aufgrund der Heterogenität der Angebote und der anbietenden Institutionen bedarf es einer einheitlichen Plattform, um elternbasierte Angebote zielgerichtet und übersichtlich zu kommunizieren.

---

[26] neuen Formen gemeinschaftlichen Gärtnerns mitten in der Stadt (Müller, 2011)

Bei weiterer Betrachtung der gesammelten Ergebnisse lässt sich feststellen, dass mit steigendem Kindesalter Verhaltensmodifikationen durch zwischenmenschliche Interaktionen und altersgerechter Kommunikation erreicht werden konnten. Es ist nicht nur wichtig Gemüse anzubieten, sondern diese ansprechend zu präsentieren und eigene Handlungsmöglichkeiten, wie freie Auswahl, Mitmach-Aktionen und das „Erleben können" zu ermöglichen. Mittmann et al. (2014) bekräftigen in ihrer Untersuchung, dass die reine Ernährungswissensvermittlung in Schulen nicht zielführend sei. Diesbezüglich wäre die Einführung des Faches „Ernährung" in das Schulcurriculum eine lebensnahe Lösung.

Bei schulpflichtigen Kindern haben Interventionen und Ansätze über das Peer-Modeling zunehmend Erfolg (Laureati et al., 2014). Feriencamps bzw. Ferienfreizeiten sind sinnvolle und motivationssteigernde Angebote, um sich unter Gleichaltrigen ungezwungen und ohne rigide Kontrolle mit dem Gesundheitswert der Lebensmittel auseinanderzusetzen (Baranowski et al., 2013). Diesbezüglich sollten mehr Angebote in Deutschland stattfinden. Darüber hinaus werden auch innovative Ansätze wie der Einsatz von digitalen und visuelle Medien in den englischsprachigen Ländern verfolgt, was aber durch die Auswirkungen des Medienkonsums auf die Kindergesundheit auch im Bezug auf die Lebensmittelauswahl kritisch hinterfragt werden sollte (Rosen et al., 2014) (Ahrens, 2012) (Garaulet et al., 2011). Allerdings werden in Zukunft *SocialMedia*-Angebote in der Ernährungsaufklärung rapide an Bedeutsamkeit gewinnen und müssen deswegen wissenschaftsfundiert durchgeführt werden.

Ein unterschätztes und kaum untersuchtes Problem ist das ungenügende Gemüseangebot für Kinder und Jugendliche beim kleingewerblichen Außer-Haus-Verzehr (AHV), der Gastronomie. Viele Speisekarten bieten Kindermenüs ohne jegliche Gemüsekomponente und Kreativität an. Viele gemüseenthaltende Erwachsenenmenüs könnten kindgerecht zum halben Preis angeboten werden. Dieser Missstand beeinflusst nach Meinung des Autors den Stellenwert des Gemüses in der Gesellschaft. Öffentlich geförderte Zertifizierungsmöglichkeiten für die Gastronomie für frische und genussvolle Kinderküche im Sinne einer gemüsereichen Kost könnten geschaffen werden. Des Weiteren wäre eine Angebotskontinuität über verschiedene Lebensbereiche hinweg gewährleistet. Im gesamten AHV können mit eingängigen und phantasievollen Menü-Namen Anreize für Kinder und Jugendliche geschaffen werden, Gemüsegerichte zu wählen (Wansink et al., 2012). Beispiele hierfür wären „Get your Veg!", „Unser täglich Gemüse" oder „Leckerschmecker-Gemüse-Checker".

6. Schlussfolgerung

Aus präventivmedizinischer und ernährungspädagogischer Sicht ist der Gemüseverzehr eine unverzichtbare Komponente im Lebenskonzept „Essen". In den ersten zwei Lebensjahren eines Kindes werden bezüglich des Gemüsekonsums **die** wichtigsten Verhaltens- und Geschmacksakzente gesetzt. Das Vorbildsein der Erwachsenen gegenüber den Kindern und Jugendlichen nimmt hier die oberste Priorität ein. Im familiären Kontext bedarf es mehr exemplarischer und praktischer Angebote für Erwachsene in Bezug auf den Genuss von Gemüse. Die bestehenden Angebote und Projekte zeigen bereits eine gute Vielfalt an regionalen, landesspezifischen und deutschlandweiten Angeboten. Die Informationen über diese Angebote sollten leicht zugänglich sein und einheitlich sowie einfach kommuniziert werden. Der Transfer zwischen Wissenschaft und Praxis kann auf Grundlage dieser Arbeit als gelungen angesehen werden. Allerdings müssen die Ernährungsausbildung der Erzieherinnen und Erzieher sowie das Gemüseangebot in Bildungseinrichtungen qualitativ deutlich verbessert und gegebenenfalls rechtlich reglementiert und überwacht werden. Programme und Strategien bezüglich der Steigerung des Gemüseverzehrs können nur effektiv sein, wenn sie Zielsetzungen, langfristige Laufzeiten, eine klare und gruppen- sowie altersspezifische Ernährungskommunikation, kulturelle Hintergründe und Interaktionen beinhalten , die bestenfalls in Verhaltensänderungen münden. Innovative Medienpädagogik und *SocialMedia* werden in der Entwicklung einer gesundheitsfördernden Ernährungskommunikation weiter an Bedeutung gewinnen und benötigen deshalb weiteren Forschungsbedarf.

Anhang

Tabelle 3: biologische Wirkungen von anti-oxidativen Vitaminen und Flavonoiden

Lebensmittel[27]	Inhaltsstoffe	Wirkungsmechanismus	evidente Wirkung [Quelle]
Paprika Brokkoli Grünkohl Rhabarber	anti-oxidative Vitamine, z.B. Vitamin C, B-Vitamine (B6, B12, Folat), β-Carotin	oxidativer Stress↓ durch - Th1-Immunantwort (IFNγ) ↓ - Neopterin ↓ in M/DC[28] - IDO[29]-vermittelter Tryptophanabbau ↓	CVD↓ [1]
		Inhibierung der NFκB-Aktivierung (in vitro)	Entzünd. ↓ [2]
Zwiebel Brokkoli grüne Bohnen, Grünkohl Knoblauch	Polyphenole z.B. Quercetin	Induktion zellulärer antioxidativer Schutzsysteme Steigerung der PON-1- Aktivierung (LDL_{ox} → natives LDL) eNOS↑	CVD ↓ [3] [4]
		Inhibierung der NFκB-Aktivierung (in vitro)	Entzünd.↓ [2]

Quellen: [1] Mangge et al (2014) ; [2] Haller & Hörmannsperger (2013, S.56f); [3] Wisker & Egert (2011); [4] Kuhlmann & Rimbach (2013, S.94f)

[27] reich an aufgeführten Inhaltsstoffen, nach Elmadfa et al. (2011)

[28] Makrophagen, dendritische Zellen

[29] Indolamin-2,3-Dioxygenase

Tabelle 4: biologische Wirkungen von Glucosinolaten und Ballaststoffen

Lebensmittel[30]	Inhaltsstoffe	Wirkungsmechanismus	evidente Wirkung [Quelle]
Brokkoli Blumenkohl Rot-/Weißkohl Rosenkohl	Glucosinolate (Wirkung als Hydrolyseprodukte wie Isothiocyanat)	Inhibition von Phase- I-Enzymen	anti-cancerogen [5]
		Nrf2[31] Freisetzung = Induktion der Glutathionsynthese	anti-oxidativ [5]
		Inhibition d. Zellproliferation transformierter Zellen	anti-cancerogen [5]
Hülsenfrüchte Karotten Grünkohl Knollensellerie Rosenkohl Okra Topinambur	Ballaststoffe z.B. Inulin, Oligofructose, FOS[32]	inflammatorische Prozesse ↓	Obstipation ↓ [6], [7]
		Bindung cancerogener Stoffe & Gallensäuren ↑	
		Stuhvolumen ↑, Transit-Zeit ↓	Colonkrebs↓ [8]
		Wachstum kommensaler Mikrobiota ↑	

Quellen: [5] Haller, Grune & Rimbach (2013, S.227ff); [6] Wu et al. (2011); [7] (Blackmer & Farrington, 2010); [8] Glei, (2013, S.196)

[30] reich an aufgeführten Inhaltsstoffen, nach Elmadfa et al. (2011); bei Ballastoffen: > 3g/100g

[31] nuclear factor erytroid 2-related factor

[32] Fructo-Oligosaccharide

Tabelle 5: Synopse der Projekte bezüglich Gemüseexposition

Projekte & Beschreibung	**Ansatz & Quellen**
Setting Familie	
Gesund ins Leben – Netzwerk junge Familie Hrsg: aid infodienst e. V.; Förderer: BMEL	ausgewogene Ernährung von der SwS bis zum Kleinkind www.gesund-ins-leben.de
Lale - iss bewusst & sei aktiv! Verbraucherschutzminist. NRW	Übergewicht in türkeistämmigen Familien vorbeugen http://www.lale-nrw.de
Peb & Pebber – Helden privat Fernsehsendung für 3-7 Jährige	Vorbildfunktion mittels Medienpädagogik; Figuren vermitteln Wissen und Kompetenzen zur Ernährung; Hintergrundinformationen für Eltern http://www.pebundpebber.de SuperRTL (Mo-Fr., 10:20 Uhr)
Setting Kindertagesstätte/Kinderbetreuung	
Abenteuer Kleinmarkt (Frankfurt a.M., Aschaffenburg, Mainz, Wiesbaden)	implizite Gesundheit: Kindergartenkinder lernen Lebensmittel mit allen Sinnen wahrzunehmen www.abenteuer-markt.de
FIT KID – Die Gesund-Essen-Aktion für Kitas DGE e.V. & VZ NRW e.V.	Optimierung des Verpflegungsangebotes in Kindertageseinrichtungen duruch Qualitätsstandards http://www.fitkid-aktion.de/index.php
Kita Kids IN FORM – Gut essen in der Kita speziell ausgerichtet für U3-Plätze	Angebot an Speisen und Getränken in den Kitas verbessern sowie & Ernährungsbildung in die pädagogische Arbeit einbeziehen http://bit.ly/kita_kids_inform
Tigerkids – Kindergarten aktiv Stiftung Kindergesundheit & AOK	Gesundheitsfördernde Auswahl von Speisen und Getränken & Handlungsorientiertes Erleben und Einüben eines gesunden Lebensstils (Adipositasprävention) http://www.tigerkids.de
KiCo – Kita-Coaches IN FORM peb e.V. & grunewald-funk consulting	Coaching und ganzheitliche Gesundheitsförderung in der Kita http://www.pebonline.de/kita-coaches.html

GartenKinder Stiftung Besser Essen. Besser Leben. LandFrauenverband e.V.	Kinder sollen ein nachhaltiges Vertrauen zum gesunden Nahrungsmittel Gemüse aufbauen und dieses öfters in ihren Speiseplan aufnehmen. http://www.landfrauen.info/unsere-projekte/gartenkinder.html
Projekte & Beschreibung	**Ansatz & Quellen**
Setting Schule	
aid-Ernährungsführerschein (Grundschule) aid infodienst e.V. & Dt. LandFrauenverband e.V.; Förderung durch BMEL	Ernährungsbildung: Wissen für eine gesunde Ernährung erwerben und anwenden http://www.landfrauen.info/unsere-projekte
Aktionsbündnisse gesunde Lebensstile und Lebenswelten (lokale & vernetze Projekte); Förderung durch BMG[33] bis 2011	aktives Leben in gesundheitsförderlichen Lebenswelten Bernays-Hauptschule in München www.daidalos-muenchen.de
Küchen für Deutschlands Schulen Koordination: BLE (Projektgruppe 525) Sponsoren: Tim Mälzer, Nolte Küchen, Bertelsmann Stiftung	Ernährungskompetenzen fördern: Thema "Gesunde Ernährung und Kochen" nachhaltig in spannender und unterhaltsamer Weise im Schulalltag von Kindern und Jugendlichen zu verankern http://bit.ly/kuechen_fuer_deutschlands_schulen
SchmExperten-wissen das schmeckt	Ernährungs- und Verbraucherbildung an weiterführenden Schulen Vermittlung von Schlüsselkompetenzen:

33 Bundesministerium für Gesundheit

aid infodienst e.V. & Dt. LandFrauenverband e.V.; Förderung durch BMEL	gesundheitsorientierte und selbstständige Auswahl und Zubereitung von Lebensmitteln; Essverhalten kontrollieren http://www.aid.de/lernen/schmexperten.php http://www.landfrauen.info/unsere-projekte
Vernetzungsstellen Schulverpflegung Koordination: BLE (Projektgruppe 525) & Bundesländer	Qualitätssicherung von Schul- und KiTa-verpflegung, um Ernährungskompetenz zu fördern; Grundlage: Qualitätsstandards der DGE für die Verpflegung in Kitas und Schulen bspwe. http://www.vz-nrw.de/link563921A.html
EU-Schulobst- und gemüseprogramm BMEL & 5amTag e.V. Koordination: Bundesländer	Gemüsepräsenz in Bildungseinrichtungen steigern http://www.bmel.de/DE/Ernaehrung/GesundeErnaehrung/KitaSchule/_Texte/Schulobst.html
Projekte & Beschreibung	**Ansatz & Quellen**
Setting Peergroup/Freizeit	
Aktionsbündnisse gesunde Lebensstile und Lebenswelten (lokale & vernetze Projekte); Förderung durch BMG[34] bis 2011	aktives Leben in gesundheitsförderlichen Lebenswelten Aktionsbündnis „Garten für Jeden“ www.marke-ostfriesland.de
Ess-Kult-Tour VZ NRW e.V.	durch interaktive Ausstellung Konsumkompetenzen von Jugendlichen und jungen Erwachsenen im Lebensmittelbereich

34 Bundesministerium für Gesundheit

speziell für Jugendliche	fördern; nachhaltige Ernährung http://www.vz-nrw.de/link816191A.html
Vollwertige Ernährung im Feriencamp 8 -15 Jahre, Gemeinde Uedem	Selbstkompetenz für gesundes Ernährungsverhalten http://bit.ly/vollwertig_im_feriencamp
verschiedene	
Besser essen. Mehr Bewegen. Kinderleicht Regionen Förderung durch BMEL Federführung: BLE[35]	24 lokale und regionale Initiativen; Zielgruppen: Kindertageseinrichtungen, Schule, Vereine und Familie; Bspe: Kinderrestaurant in Hamburg, KIKS-UP Genuss (Entwicklung der Genussfähigkeit von Kindern; Bad Nauheim), Kinderkochkurs Hamburg, Lecker essen (Aurich), Rezepte aus KiTa & Schule (Aachen) usw. http://bit.ly/kinderleicht_regionen

35 Bundesanstalt für Landwirtschaft und Ernährung

Literaturverzeichnis

Ahern, S. M., Caton, S. J., Blundell, P., & Hetherington, M. M. (2014). The root of the problem: increasing root vegetable intake in preschool children by repeated exposure and flavour flavour learning. *Appetite*, *80*, 154–160. doi:10.1016/j.appet.2014.04.016

Ahern, S. M., Caton, S. J., Bouhlal, S., Hausner, H., Olsen, A., Nicklaus, S., … Hetherington, M. M. (2013). Eating a Rainbow. Introducing vegetables in the first years of life in 3 European countries. *Appetite*, *71*(0), 48–56. doi:http://dx.doi.org/10.1016/j.appet.2013.07.005

Ahrens, W. (2012). *Identification and prevention of Dietary- and lifestyle-induced health EFfects In Children and infants. Publishable Final Activity Report.* (pp. 1–47). Retrieved from http://www.ideficsstudy.eu/Idefics/UserFiles/File/Final_Publishable_Activity_Report_v 1.0.pdf

aid infodienst e.V. (Hrsg.). (2009). *Gemüse* (20. veränd.). Bonn: Moeker Merkur Druck.

Alexy, U. (2012). Schulkinder und Jugendliche. In *Pädiatrische Ernährungsmedizin* (pp. 116–123). Stuttgart: Schattauer GmbH.

Anzman-Frasca, S., Savage, J. S., Marini, M. E., Fisher, J. O., & Birch, L. L. (2012). Repeated exposure and associative conditioning promote preschool children's liking of vegetables. *Appetite*, *58*(2), 543–53. doi:10.1016/j.appet.2011.11.012

Baranowski, T., Diep, C., & Baranowski, J. (2013). Influences on Children's Dietary Behavior, and Innovative Attempts to Change It. *Annals of Nutrition and Metabolism*, *62(suppl 3*(Suppl. 3), 38–46. Retrieved from http://www.karger.com/DOI/10.1159/000351539

Barlösius, E. (2011). *Soziologie des Essens. Eine sozial- und kulturwissenschaftliche Einführung in die Ernährungsforschung* (2., völlig.). Weinheim, München: Juventa Verlag.

Bartsch, S., Büning-Fesel, M., Cremer, M., Heindl, I., Lambeck, A., Lührmann, P., … Schulz-Greve, S. (2013). Ernährungsbildung – Standort und Perspektiven. *Ernährungsumschau*, (2), M84–M95. doi:10.4455/eu.2013.007

Benton, D. (2010). Neurodevelopment und neurodegeneration: are there critical stages for nutritional intervention? *Nutr Rev*, (68 Suppl 1), 6–10.

Biesalski, H. K. (2010). Vitamine. In H. K. Biesalski, S. C. Bischoff, & C. Puchstein (Eds.), *Ernährungsmedizin - nach dem neuen Curriculum Ernährungsmedizin der Bundesärztekammer* (4. Auflage., p. 133ff). Stuttgart, New York: Georg Thieme Verlag KG.

Biesalski, H. K., & Grimm, P. (2007). *Taschenatlas Ernährung* (4. Auflage.). Stuttgart, New York: Georg Thieme Verlag KG.

Birch, L. L., McPhee, L., Shoba, B. C., Pirok, E., & Steinberg, L. (1987). What kind of exposure reduces children's food neophobia? *Appetite*, *9*(3), 171–178. doi:10.1016/S0195-6663(87)80011-9

Blackmer, A. B., & Farrington, E. A. (2010). Constipation in the pediatric patient: an overview and pharmacologic considerations. *Journal of Pediatric Health Care : Official Publication of National Association of Pediatric Nurse Associates & Practitioners*, *24*(6), 385–99. doi:10.1016/j.pedhc.2010.09.003

Blissett, J. (2011). Relationships between parenting style, feeding style and feeding practices and fruit and vegetable consumption in early childhood. *Appetite*, *57*(3), 826–31. doi:10.1016/j.appet.2011.05.318

Blissett, J., & Fogel, A. (2013). Intrinsic and extrinsic influences on children's acceptance of new foods. *Physiology & Behavior*, *121*, 89–95. doi:10.1016/j.physbeh.2013.02.013

Boeing, H., Bechthold, A., Bub, A., Ellinger, E., Haller, D., Kroke, A., … Watzl, B. (2012). Gemüse und Obst in der Prävention ausgewählter chronischer Krankheiten. *Stellungnahme der DGE e.V.* Retrieved June 11, 2014, from http://www.dge.de/pdf/ws/DGE-Stellungnahme-Gemuese-Obst-2012.pdf

Caton, S. J., Ahern, S. M., Remy, E., Nicklaus, S., Blundell, P., & Hetherington, M. M. (2013). Repetition counts: repeated exposure increases intake of a novel vegetable in UK pre-school children compared to flavour–flavour and flavour–nutrient learning. *British Journal of Nutrition*, *109*(11), 2089–2097.

Caton, S. J., Blundell, P., Ahern, S. M., Nekitsing, C., Olsen, A., Møller, P., … Hetherington, M. M. (2014). Learning to Eat Vegetables in Early Life: The Role of

Timing, Age and Individual Eating Traits. *PloS One*, *9*(5), e97609. doi:10.1371/journal.pone.0097609

Cook, L. T., O'Reilly, G. A., Goran, M. I., Weigensberg, M. J., Spruijt-Metz, D., & Davis, J. N. (2014). Vegetable Consumption Is Linked to Decreased Visceral and Liver Fat and Improved Insulin Resistance in Overweight Latino Youth. *Journal of the Academy of Nutrition and Dietetics*. doi:10.1016/j.jand.2014.01.017

Cooke, L. J., Chambers, L. C., Añez, E. V, Croker, H. A., Boniface, D., Yeomans, M. R., & Wardle, J. (2011). Eating for pleasure or profit: the effect of incentives on children's enjoyment of vegetables. *Psychological Science*, *22*(2), 190–6. doi:10.1177/0956797610394662

Correia, D. C. S., O'Connell, M., Irwin, M. L., & Henderson, K. E. (2014). Pairing vegetables with a liked food and visually appealing presentation: promising strategies for increasing vegetable consumption among preschoolers. *Childhood Obesity (Print)*, *10*(1), 72–6. doi:10.1089/chi.2013.0115

De Jager, C. A., & Kovatcheva, A. (2010). Summary and discussion: Methodologies to assess long-term effects of nutrition on brain function. *Nutr Rev*, (68 Suppl 1), 53–58.

De Wild, V., de Graaf, C., & Jager, G. (2014). Efficacy of repeated exposure and flavour-flavour learning as mechanisms to increase preschooler's vegetable intake and acceptance. *Pediatric Obesity*. doi:10.1111/ijpo.244

DGE e.V. (2011). Bedeutung von Obst und Gemüse in der Ernährung des Menschen | Deutsche Gesellschaft für Ernährung e. V. Retrieved June 11, 2014, from http://www.dge.de/modules.php?name=News&file=article&sid=1157

DGE e.V. (2012). Deutsche Gesellschaft für Ernährung e. V. - Jetzt mit 5 am Tag in die Saison starten. *DGE aktuell - Presseinformation der DGE e.V.* Retrieved June 29, 2014, from http://www.dge.de/modules.php?name=News&file=print&sid=1221

DGE e.V. (Hrsg.). (2011). *DGE-Qualitätsstandard für die Verpflegung in Tageseinrichtungen für Kinder*. (DGE e.V., Ed.) (3. Auflage.). Bonn.

Diethelm, K., Jankovic, N., Moreno, L. A., Huybrechts, I., De Henauw, S., De Vriendt, T., ... Kersting, M. (2012). Food intake of European adolescents in the light of different food-based dietary guidelines: results of the HELENA (Healthy Lifestyle in Europe by Nutrition in Adolescence) Study. *Public Health Nutrition, 15*(03), 386–398.

Donadini, G., Fumi, M. D., & Porretta, S. (2012). Influence of preparation method on the hedonic response of preschoolers to raw, boiled or oven-baked vegetables. *LWT - Food Science and Technology, 49*(2), 282–292. doi:10.1016/j.lwt.2012.07.019

Ellrott, T. (2012). Entwicklung des Essverhaltens. In T. Reinehr, M. Kersting, A. VanTeeffelen-Heithoff, & K. Widhalm (Eds.), *Pädiatrische Ernährungsmedizin* (1. Auflage., pp. 45–59). Stuttgart: Schattauer GmbH.

Elmadfa, I., Aign, W., Muskat, E., & Fritzsche, D. (2011). *Die große GU Nährwert Kalorien Tabelle. Überarbeitete und erweiterte Neuausgabe der großen GU-Nährwerttabelle 2010/2011* (1. Auflage.). München: Gräfe und Unzer Verlag GmbH.

Fischer, D. (2008). Nachhaltige Ernährungsbildung: Konturen eines Bildungskonzeptes für die Schule. In S. A. Kolfhaus & M.-E. Herrmann (Eds.), *Ernährungsbildung – Grundfragen und Praxismodelle. Schriftenreihe Ökotrophologie der Fachhochschule Osnabrück, Bd. 3* (pp. 23–76). Aachen: Shaker-Verlag. Retrieved from http://www.researchgate.net/publication/215579090_Nachhaltige_Ernhrungsbildung_Konturen_eines_Bildungskonzeptes_fr_die_Schule

FKE. (n.d.). Ernährungsforschung und Praxis. *Transfer.* Retrieved September 28, 2014, from http://www.fke-do.de/index.php?module=page_navigation&index[page_navigation][action]=details&index[page_navigation][data][page_navigation_id]=49&section=4

FKE. (2008). DONALD-Studie - Gemüseverzehr von Säuglingen, Kindern und Jugendlichen. *Ernährungsumschau.* Retrieved September 15, 2014, from http://www.ernaehrungs-umschau.de/archiv/kurz_berichtet/?page=27&template=popup&id=697

Fries, K. R., & aid infodienst e.V. (Hrsg.). (2009). Bei Mutti schmeckt´s am besten? Familiäre und externe Einflussfaktoren auf die Ernähung von Kindern und Jugendlichen. In *Gut gemeint - genial daneben. Ernährungskommunikation in den Lebenswelten junger Menschen. 9. aid-Forum* (pp. 11–20). Bonn: Druckerei Lokay e.K.

Garaulet, M., Ortega, F. B., Ruiz, J. R., Rey-Lopez, J. P., Beghin, L., Manios, Y., ... Moreno, L. A. (2011). Short sleep duration is associated with increased obesity markers in European adolescents: effect of physical activity and dietary habits. The HELENA study. *Int J Obes*, *35*(10), 1308–1317. Retrieved from http://dx.doi.org/10.1038/ijo.2011.149

Gätjen, E. (2011). *Lotta lernt Essen.* Stuttgart: TRIAS Verlag.

Glei, M. (2013). Krebsprävention. In D. Haller, T. Grune, & G. Rimbach (Eds.), *Biofuntionalität der Lebensmittelinhaltsstoffe* (p. 161ff). Berlin, Heidelberg: Springer-Verlag.

Haller, D., Grune, T., & Rimbach, G. (2013). *Biofunktionalität der Lebenmsittelinhaltsstoffe.* Berlin, Heidelberg: Springer-Verlag.

Haller, D., & Hörmannsperger, G. (2013). Immunfuntion und Entzündungsprävention. In D. Haller, T. Grune, & G. Rimbach (Eds.), *Biofuntionalität der Lebensmittelinhaltsstoffe* (p. 43ff). Berlin, Heidelberg: Springer-Verlag.

Hauner, H., Bechthold, A., Boeing, H., Brönstrup, A., Buyken, A., Leschik-Bonnet, E., ... Wolfram, G. (2012). Evidence-Based Guideline of the German Nutrition Society: Carbohydrate Intake and Prevention of Nutrition-Related Diseases. *Annals of Nutrition and Metabolism*, *60(suppl 1*(Suppl. 1), 1–58. Retrieved from http://www.karger.com/DOI/10.1159/000335326

Heim, S., Stang, J., & Ireland, M. (2009). A garden pilot project enhances fruit and vegetable consumption among children. *Journal of the American Dietetic Association*, *109*(7), 1220–6. doi:10.1016/j.jada.2009.04.009

Hilbig, A. (2012a). Ergebnisse der GRETA Studie und daraus resultierende Ernährungsempfehlungen für die Praxis. In *Fachtagung Oberpfalz: Ernährung und Bewegung für Kinder bis 3 Jahre.* www.pebonline.de/studien.html. Retrieved from http://www.pebonline.de/uploads/tx_ernaehrungundbewegung/GRETA.pdf

Hilbig, A. (2012b). Säuglinge und Kleinkinder. In T. Reinehr, M. Kersting, A. van Teffelen-Heithoff, & K. Widhalm (Eds.), *Pädiatrische Ernährungsmedizin* (pp. 110–115). Stuttgart: Schattauer GmbH.

Hilbig, A., Alexy, U., Drossard, C., & Kersting, M. (2011). GRETA: Ernährung von Kleinkindern in Deutschland. *Aktuelle Ernährungsmedizin*, *36*(04), 224–231. doi:10.1055/s-0031-1276869

Hoffhines, H., Whaley, K. D., Blackett, P. R., Palumbo, K., Campbell-Sternloff, D., Glore, S., & Lee, E. T. (2014). Early childhood nutrition in an American Indian community: educational strategy for obesity prevention. *The Journal of the Oklahoma State Medical Association*, *107*(2), 55–9. Retrieved from http://www.ncbi.nlm.nih.gov/pubmed/24761552

Hölling, H., Schmitz, R., Butschalowski, H., Ellert, U., Gutsche, J., Kamtsiuris, P., … Schlaud, M. (2014). *Die Gesundheit von Kindern und Jugendlichen in Deutschland - 2013 (KIGGS1)*. Berlin.

Johnston, C. A., Palcic, J. L., Tyler, C., Stansberry, S., Reeves, R. S., & Foreyt, J. P. (2011). Increasing vegetable intake in Mexican-American youth: a randomized controlled trial. *Journal of the American Dietetic Association*, *111*(5), 716–20. doi:10.1016/j.jada.2011.02.006

Kersting, M. (2012). Von Nährstoffen zu lebensmittelbezogenen Empfehlungen. In *Pädiatrische Ernährungsmedizin* (p. 27ff). Stuttgart: Schattauer GmbH.

Kersting, M., Alexy, U., & Clausen, K. (2005). Using the concept of Food Based Dietary Guidelines to develop an Optimized Mixed Diet (OMD) for german children and adolescents. *J Pediatr Gastroenterol Nutr*, (40), 301–8.

Kersting, M., Clausen, K., & Heseker, H. (2003). *Ernährungsphysiologische Auswertung einer repräsentativen Verzehrsstudie bei Säuglingen und Kleinkindern VELS mit dem Instrumentarium der DONALD Studie. Schlussbericht*. Retrieved from http://download.ble.de/02HS007.pdf

Kuhlmann, I., & Rimbach, G. (2013). Prävention kardiovaskulärer Erkrankungen und Atherosklerose. In D. Haller, T. Grune, & G. Rimbach (Eds.), *Biofuntionalität der Lebensmittelinhaltsstoffe* (p. 85ff). Berlin, Heidelberg: Springer-Verlag.

Lakkakula, A., Geaghan, J., Zanovec, M., Pierce, S., & Tuuri, G. (2010). Repeated taste exposure increases liking for vegetables by low-income elementary school children. *Appetite*, *55*(2), 226–31. doi:10.1016/j.appet.2010.06.003

Laureati, M., Bergamaschi, V., & Pagliarini, E. (2014). School-based intervention with children. Peer-modeling, reward and repeated exposure reduce food neophobia and increase liking of fruits and vegetables. *Appetite*, *83*(0), 26–32. doi:http://dx.doi.org/10.1016/j.appet.2014.07.031

Lauxen, S. (n.d.). 5 am Tag: FAQ 5 am Tag. Retrieved July 17, 2014, from http://www.machmit-5amtag.de/index.php?id=5amtag_faq

Mangge, H., Becker, K., Fuchs, D., & Gostner, J. M. (2014). Antioxidants, inflammation and cardiovascular disease. *World Journal of Cardiology*, *6*(6), 462–77. doi:10.4330/wjc.v6.i6.462

Mathias, K. C., Rolls, B. J., Birch, L. L., Kral, T. V. E., Hanna, E. L., Davey, A., & Fisher, J. O. (2012). Serving larger portions of fruits and vegetables together at dinner promotes intake of both foods among young children. *Journal of the Academy of Nutrition and Dietetics*, *112*(2), 266–70. Retrieved from http://www.pubmedcentral.nih.gov/articlerender.fcgi?artid=3776004&tool=pmcentrez&rendertype=abstract

Mensink, G. B. M., Heseker, H., Richter, A., Stahl, A., Vohmann, C., Fischer, J., … Six, J. (2007). *Ernährungsstudie als KiGGS-Modul (EsKiMo). Forschungsbericht*. Retrieved from http://www.bmelv.de/cae/servlet/contentblob/378624/publicationFile/25912/EsKiMoStudie.pdf

Mensink, G. B. M., Richter, A., Kleiser, C., & Robert-Koch-Institut. (2007). Lebensmittelverzehr bei Kindern und Jugendlichen in Deutschland. Ergebnisse des Kinder- und Jugendgesund- heitssurveys (KiGGS). Retrieved June 11, 2014, from http://edoc.rki.de/oa/articles/relz58byOC9Uw/PDF/287ThlM3FQ5SU.pdf

Mittmann, S., Austel, A., & Ellrott, T. (2014). Welche Faktoren sind mit dem Obst- und Gemüseverzehr von Grundschülern assoziiert? *www.ernaehrungs-umschau.de*. Retrieved September 22, 2014, from http://www.ernaehrungs-umschau.de/themen/wissenschaft_aktuell/?id=6520

MLR BaWü, & (Hrsg.), aid infodienst e. V. (2011). *Esspedition Kindergarten. Ernährungserziehung für die Praxis* (7. überarb.). Stuttgart, Bonn, Sexau: Druckerei Herbstritt GmbH.

Montenegro-Bethancourt, G., Johner, S. A., & Remer, T. (2013). Contribution of fruit and vegetable intake to hydration status in schoolchildren. *The American Journal of Clinical Nutrition* , *98* (4), 1103–1112. doi:10.3945/ajcn.112.051490

MRI (Hrsg.). (2008). *Nationale Verzehrsstudie II. Ergbenisbericht, Teil 2.* (p. 96). Karlsruhe.

Müller, C. (2011). *Urban Gardening. Über die Rückkehr der Gärten in die Stadt.* München: oekom.

O'Connell, M. L., Henderson, K. E., Luedicke, J., & Schwartz, M. B. (2012). Repeated exposure in a natural setting: a preschool intervention to increase vegetable consumption. *Journal of the Academy of Nutrition and Dietetics, 112*(2), 230–4. doi:10.1016/j.jada.2011.10.003

Olsen, A., Ritz, C., Kramer, L., & Møller, P. (2012). Serving styles of raw snack vegetables. What do children want? *Appetite*, *59*(2), 556–562. doi:http://dx.doi.org/10.1016/j.appet.2012.07.002

Oyebode, O., Gordon-Dseagu, V., Walker, A., & Mindell, J. S. (2014). Fruit and vegetable consumption and all-cause, cancer and CVD mortality: analysis of Health Survey for England data. *Journal of Epidemiology and Community Health*, jech–2013–203500–. doi:10.1136/jech-2013-203500

Pala, V., Lissner, L., Hebestreit, A., Lanfer, A., Sieri, S., Siani, A., ... Krogh, V. (2013). Dietary patterns and longitudinal change in body mass in European children: a follow-up study on the IDEFICS multicenter cohort. *European Journal of Clinical Nutrition*, *67*(10), 1042–9. doi:10.1038/ejcn.2013.145

Rabenberg, M., & Mensink, G. B. M. (2011). Obst- und Gemüsekonsum heute. Robert Koch-Institut (Hrsg.). *GBE Kompakt*, *2*(6). Retrieved from http://edoc.rki.de/series/gbe-kompakt/2011-11/PDF/11.pdf

Rattay, P., von der Lippe, E., Lampert, T., & KiGGS Study Group. (2014). Gesundheit von Kindern und Jugendlichen in Eineltern-, Stief- und Kernfamilien Ergebnisse der KiGGS-Studie – Erste Folgebefragung (KiGGS Welle 1). *Bundesgesundheitsblatt - Gesundheitsforschung - Gesundheitsschutz*, *57*(7), 860–868. doi:10.1007/s00103-014-1988-2

Rehner, G., & Daniel, H. (2010). *Biochemie der Ernährung* (3. Auflage.). Heidelberg: Spektrum Akademischer Verlag.

Remington, A., Añez, E., Croker, H., Wardle, J., & Cooke, L. (2012). Increasing food acceptance in the home setting: a randomized controlled trial of parent-administered taste exposure with incentives. *The American Journal of Clinical Nutrition* . doi:10.3945/ajcn.111.024596

Rohlfs Domínguez, P., Gámiz, F., Gil, M., Moreno, H., Márquez Zamora, R., Gallo, M., & de Brugada, I. (2013). Providing choice increases children's vegetable intake. *Food Quality and Preference*, *30*(2), 108–113. doi:http://dx.doi.org/10.1016/j.foodqual.2013.05.006

Rosen, L. D., Lim, A. F., Felt, J., Carrier, L. M., Cheever, N. A., Lara-Ruiz, J. M., ... Rokkum, J. (2014). Media and technology use predicts ill-being among children, preteens and teenagers independent of the negative health impacts of exercise and eating habits. *Computers in Human Behavior*, *35*, 364–375. doi:10.1016/j.chb.2014.01.036

Russell, C. G., Worsley, A., & Liem, D. G. (2014). Parents' food choice motives and their associations with children's food preferences. *Public Health Nutrition*, 1–10. doi:10.1017/S1368980014001128

Savage, J. S., Peterson, J., Marini, M., Bordi, P. L., & Birch, L. L. (2013). The addition of a plain or herb-flavored reduced-fat dip is associated with improved preschoolers' intake of vegetables. *Journal of the Academy of Nutrition and Dietetics*, *113*(8), 1090–5. doi:10.1016/j.jand.2013.03.013

Schlegel-Matthies, K. (2005). Ernährung und Verbraucherbildung im Internet. *EVB*. Retrieved September 18, 2014, from http://www.evb-online.de/evb.php

Shi, L., Krupp, D., & Remer, T. (2014). Salt, fruit and vegetable consumption and blood pressure development: a longitudinal investigation in healthy children. *British Journal of Nutrition*, *111*(04), 662–671. Retrieved from http://journals.cambridge.org/abstract_S0007114513002961

Spiegel Online. (2014). Betreuungsangebot: Kita-Plätze reichen trotz Verbesserung noch nicht. Retrieved September 29, 2014, from http://www.spiegel.de/politik/deutschland/kita-ausbau-schwesig-erfreut-ueber-mehr-betreuungsplaetze-fuer-kinder-a-981297.html

Spill, M. K., Birch, L. L., Roe, L. S., & Rolls, B. J. (2011). Serving large portions of vegetable soup at the start of a meal affected children's energy and vegetable intake. *Appetite*, *57*(1), 213–219. doi:http://dx.doi.org/10.1016/j.appet.2011.04.024

Straka, D., Ginser, R., Broermann, M., & Cordes, R. (2010). Obst und Gemüse im Schulalltag. Projekt. *Forschung an der Hochschule Osnabrück*. Retrieved July 06, 2014, from http://www.hs-osnabrueck.de/28659.html?&no_cache=1&tx_fhosresearchdatabase_pi1%5Bpointer%5D=8&tx_fhosresearchdatabase_pi1%5Bmode%5D=1&tx_fhosresearchdatabase_pi1%5Bsort%5D=pro_start%3A1&tx_fhosresearchdatabase_pi1%5BshowUid%5D=379

Van de Pavert, S. A., Ferreira, M., Domingues, R. G., Ribeiro, H., Molenaar, R., Moreira-Santos, L., ... Veiga-Fernandes, H. (2014). Maternal retinoids control type 3 innate lymphoid cells and set the offspring immunity. *Nature*, *508*(7494), 123–7. doi:10.1038/nature13158

Van der Horst, K., Ferrage, A., & Rytz, A. (2014). Involving children in meal preparation. Effects on food intake. *Appetite*, *79*, 18–24. doi:10.1016/j.appet.2014.03.030

Wansink, B., Just, D. R., Payne, C. R., & Klinger, M. Z. (2012). Attractive names sustain increased vegetable intake in schools. *Preventive Medicine*, *55*(4), 330–2. doi:10.1016/j.ypmed.2012.07.012

Wansink, B., van Ittersum, K., & Painter, J. E. (2005). How descriptive food names bias sensory perceptions in restaurants. *Food Quality and Preference*, *16*(5), 393–400. doi:10.1016/j.foodqual.2004.06.005

Wengreen, H. J., Madden, G. J., Aguilar, S. S., Smits, R. R., & Jones, B. A. (2013). Incentivizing Children's Fruit and Vegetable Consumption: Results of a United States Pilot Study of the Food Dudes Program. *Journal of Nutrition Education and Behavior*, *45*(1), 54–59. doi:http://dx.doi.org/10.1016/j.jneb.2012.06.001

Wisker, E., & Egert, S. (2011). Quercetin - Teil 2. Biologische Wirksamkeit, Sicherheit und Toxizitaľ̂t. *Ernahrungs Umschau*, *58*(9), 467 – 472. Retrieved from http://opac.mpisoc.mpg.de/Record/1879595923

World Cancer Research Fund /American Institute for Cancer Research. (2007). *Food, Nutrition, Physical Activity, and the Prevention of Cancer: a Global Perspective*. Washington, DC. Retrieved from http://www.dge.de/pdf/ws/WCRF-Report-summary-de.pdf

Wu, T.-C., Chen, L.-K., Pan, W.-H., Tang, R.-B., Hwang, S.-J., Wu, L., ... Chen, P.-H. (2011). Constipation in Taiwan elementary school students: a nationwide survey. *Journal of the Chinese Medical Association : JCMA*, *74*(2), 57–61. doi:10.1016/j.jcma.2011.01.012

Wyse, R., Campbell, E., Nathan, N., & Wolfenden, L. (2011). Associations between characteristics of the home food environment and fruit and vegetable intake in preschool children: A cross-sectional study. *BMC Public Health*, *11*(1), 938. Retrieved from http://www.biomedcentral.com/1471-2458/11/938